AF454198

NOTES

PALÉONTOLOGIQUES

PAR

M. EUGÈNE DESLONGCHAMPS,

Professeur suppléant à la Faculté des Sciences, membre du Comité de la Paléontologie française.

2ᵉ ARTICLE

CONTENANT :

6° Note sur la délimitation des genres *Trochotoma* et *Ditremaria*.

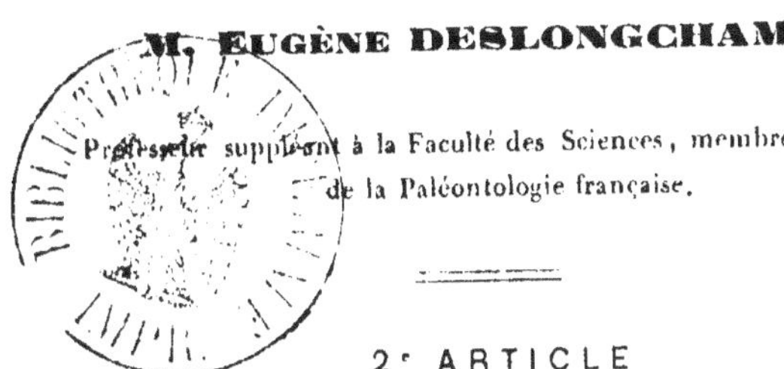

CAEN,
Chez F. LE BLANC-HARDEL,
Imprimeur-libraire,
RUE FROIDE, 2.

PARIS,
Chez SAVY,
libraire-éditeur,
RUE HAUTEFEUILLE, 24.

1865

Extrait du IXe volume du Bulletin de la Société Linnéenne de Normandie.

NOTES

PALÉONTOLOGIQUES.

VI. NOTE SUR LA DÉLIMITATION DES GENRES
TROCHOTOMA ET DITREMARIA.

Pl. III.

Dans une note qui a paru dans le journal *L'Institut*,
et dans le *Bulletin* de la Société philomatique de Paris,
pour 1862, j'ai déjà donné une analyse succincte du petit
travail que je présente aujourd'hui ; mais la planche accom-
pagnant ce mémoire fera mieux comprendre les raisons
qui m'ont déterminé à former deux coupes aux dépens
du genre *Trochotoma.*

Les coquilles de la famille des *Haliotidées* sont presque
toujours percées d'un ou plusieurs trous, de forme variable,
suivant les genres : tels sont les *Trochotoma*, les *Cirrhus*,
Polytremaria, Haliotis, etc. ; ou bien la bouche offre une
simple fente ou entaille plus ou moins allongée : tels sont
les genres *Scissurella*, *Pleurotomaria*, *Murchisonia.* Ces
trous ou fentes sont destinés à donner passage à un nombre
pareil de tentacules, à la base desquels se voient les organes
de la respiration, qui consistent en deux branchies affectant
la forme d'une plume.

L'animal, en grandissant, bouche ces trous en arrière et

en même temps en ouvre de nouveaux en avant : de sorte qu'il y en a toujours un même nombre en exercice. Le caractère des trous et entailles est donc en relation directe avec les organes de la respiration. Aussi, chacune de leurs modifications a-t-elle donné lieu à autant de genres très-naturels.

Je pense, toutefois, que le nombre de ces genres ne répond que très-imparfaitement aux nécessités de la division naturelle des êtres de cette famille, et l'on doit, à mon avis, y établir un nombre beaucoup plus grand de coupes que celles qui sont admises aujourd'hui. C'est ainsi que déjà les Scissurelles ont été divisées en deux genres très-naturels : les Scissurelles proprement dites, dont l'entaille n'est jamais fermée en avant, et ressemblant, sous ce rapport, aux Pleurotomaires, et les *Woodwardia*, dont l'entaille se ferme sur le bord de la lèvre, d'une manière absolument identique à ce qu'on voit dans les *Trocholoma*.

Le genre *Pleurotomaria* lui-même, tel qu'on l'a compris jusqu'à ce jour, si largement représenté dans les mers des anciennes périodes géologiques, carbonifère, jurassique et crétacée, comprend un certain nombre de coquilles très-disparates entre elles, et dont l'entaille et la bandelette offrent des modifications très-importantes, et par conséquent des différences essentielles tirées également de l'organe respiratoire ; on connaît, en effet, des Pleurotomaires dont l'entaille très-étroite et en même temps très-longue, ne ressemble en rien à celle des autres. Ce sont ceux que mon père a nommés les Pleurotomaires à bandelette étroite, ou *Stenotæniatæ*. Ceux-ci, absents dans les anciens terrains et dans le lias, ne commencent à se montrer que dans les couches inférieures du système oolithique inférieur, et surtout dans diverses assises des terrains crétacés. Ainsi donc, non-seulement par leurs caractères zoologiques, mais encore par ceux de leur gisement, ces coquilles sont différentes des Pleurotomaires proprement dits. Pour moi, elles constituent un genre particulier que je nommerai *Leptomaria*, en prenant pour type le *Leptomaria amœna* (Desl. sp.) (1).

Parmi les autres Pleurotomaires, il en est qui se distinguent également de la manière la plus nette, par leur forme arrondie et ramassée, l'état presque toujours lisse ou à peine ornementé de leur extérieur, et surtout par une entaille d'une excessive brièveté, quelquefois même réduite à un simple pli analogue à celui des Janthines. La bandelette offre également un caractère très-remarquable : c'est qu'au lieu de suivre le milieu des tours, et par conséquent d'être apparente sur toute la spirale, on ne peut la voir que sur le dernier tour, cachée qu'elle est sur les autres par le développement de la coquille. Je considère également les espèces de cette remarquable section comme un genre bien distinct, que je nommerai *Cryptœnia*, en prenant pour type le *Cryp. heliciformis* (Desl. sp.) (2). Ce sont les Pleurotomaires suturaux de mon père, et dont l'habitat est l'inverse de celui des *Leptomaria ;* en effet, ces *Cryptœnia* sont nombreux dans les terrains anciens, surtout dans les diverses assises carbonifères et triasiques, et les derniers représentants appartiennent au lias (3).

Nous ne laisserons donc, dans le genre *Pleurotomaria*, que les espèces dont l'entaille est large et dont la bandelette n'est jamais cachée par les tours de spire. Ce sont encore les

(1) Voir Eudes-Deslongchamps, Mémoire sur les Pleurotomaires, dans le VIIIe volume des *Mémoires de la Société Linnéenne de Normandie*, p. 144, pl. XIII, fig. 6 *a*, *b*, *c*.

(2) Voir Eudes-Deslongchamps, même mémoire, loc. cit., p. 449, pl. XVII, fig. 2 *a*, *b*, *c*.

(3) Dans un prochain article, je reviendrai plus amplement sur les caractères distinctifs de ces trois genres, en décrivant un certain nombre de *Cryptœnia*, que j'ai recueillis récemment dans le lias moyen de May.

plus nombreux, et il sera facile d'y établir plusieurs sous-genres ou sections.

Le genre *Trochotoma* avait été créé par mon père, en 1847 pour un certain nombre de coquilles fossiles ressemblant, par la forme extérieure, à des Pleurotomaires très-surbaissés et dont l'ombilic serait démesurément grand. Ils diffèrent spécialement des Pleurotomaires, en ce que la fente se fermait en avant (1). C'était donc une sorte d'Haliotide avec un seul trou respiratoire, ou mieux un Pleurotomaire à entaille fermée.

A un certain instant de sa vie, l'animal, pour agrandir sa coquille, remplit cette entaille et en produit une nouvelle ; mais cette oblitération ne se fait pas brusquement : elle marche toujours d'arrière en avant, de manière que l'entaille diminue peu à peu jusqu'au moment où elle est entièrement bouchée ; en même temps, il se fait une entaille nouvelle qui s'agrandit jusqu'à ce que l'animal la ferme. On conçoit alors comment il arrive un instant où l'on peut observer à la fois, en arrière, un petit trou dû à l'oblitération partielle de l'ancienne entaille, et en avant, une seconde entaille partielle aussi, puisqu'à ce moment de l'évolution vitale, l'animal ne l'a pas encore fermée. Ainsi marchent les choses dans les genres *Trochotoma* et *Woodwardia*. Ce mode de développement est parfaitement mis en évidence dans un échantillon de *Trochotoma amata* (d'Orbigny), provenant du coral-rag de Valfin, et qui fait partie de la collection de M. Guirand ; c'est celui que j'ai représenté pl. III, fig. 4, de grandeur naturelle, et fig. 5, grossi. On voit que l'entaille ancienne est

____

(1) Cette fente E est simple, de forme ovalaire (pl. III, fig. 3), et termine en avant la bandelette B, qui n'est que le résultat, la cicatrice continue de cette fente et indique le trajet qu'elle a parcouru sur les tours de spire.

presque entièrement oblitérée et n'est plus représentée que par un tout petit trou ovale, tandis que la nouvelle entaille ne s'est pas encore fermée en avant. Cet aspect rappelle, en ce moment, un Pleurotomaire qui aurait une seconde ouverture tout-à-fait semblable à celle que présentent les *Haliotides* dans leur état normal.

M. d'Orbigny crut voir, dans cette disposition transitoire de deux trous, un caractère normal ; et, sans s'inquiéter du nom déjà donné par mon père, imposa celui de *Ditremaria* (deux trous) qu'on ne doit donc conserver à aucun titre, puisqu'il est postérieur à celui de *Trochotoma*, et, en second lieu, qu'il est dû à une méprise évidente.

D'un autre côté, si on observe de bons échantillons d'une coquille du coral-rag décrite par Zieten sous le nom de *Trochus quinquecinctus*, et par Goldfuss sous le nom de *Monodonta ornata*, et tels que je les représente pl. III, fig. 1 et 2, on peut s'assurer qu'il existe une entaille assez semblable à celle des *Trochotoma* (Voir la fig. 2 de la pl. III représentant cette portion grossie de la coquille) : aussi a-t-elle été décrite depuis par M. Buvignier sous le nom de *Trochotoma quinquecincta*, et par d'Orbigny sous ceux de *Ditremaria quinquecincta* et *Humbertina*.

Cette coquille, fort maltraitée dans toutes les figures données jusqu'ici, offre en réalité des caractères tout particuliers, dont l'ensemble a été méconnu par presque tous les paléontologistes. Quelques-uns s'étaient bornés à remarquer qu'il existait, vers la columelle, une sorte de dent analogue à celle des Monodontes ; d'autres n'en avaient pas même soupçonné l'existence, et, dans des restaurations hasardées, avaient représenté la base de cette espèce tout unie. Personne n'avait songé à en examiner l'entaille, qui est des plus singulières.

En effet, j'ai pu observer une suite magnifique d'échan-

tillons en parfait état de conservation, recueillis par M. Guirand dans le coral-rag de Valfin (Jura), et tous, sans ex-
ception, offraient une entaille étranglée en son milieu (S), et
leurs bords sont si rapprochés en ce point qu'on peut la
considérer comme formée de deux trous respiratoires (E. F.)
réunis par une simple scissure (S.) très-étroite. Cette disposition est ici l'état normal; il y a, en réalité, deux trous :
partant deux organes de respiration. On voit combien une
pareille organisation diffère de celle des *Trochotoma*; elle
nous rappellerait plutôt celle du genre *Polytremaria*, qui
n'est qu'une Haliotide à forme de *Trochus*.

C'est donc aux échantillons de coquilles semblables seulement, qu'on peut appliquer avec raison le nom de *Ditremaria*.
Nous laisserons donc dans le genre *Trochotoma* la plupart
des *Ditremaria* de M. d'Orbigny, et nous n'y conserverons
que le *Ditremaria quinquecincta*, qui devient par là le type
de ce genre ainsi restreint. Nous y ajouterons l'espèce décrite par mon père sous le nom de *Trochotoma globulus*.
En effet, cette espèce de la grande oolithe de Langrune
montre, dans la forme de sa bouche, une disposition de no-
dulosités tout-à-fait analogue à celle du *Dit. quinquecincta*,
quoique moins prononcées, et qui sont bien mises en évidence
dans un échantillon recueilli il a deux ans à Hérouvillette
(Calvados), par mon ami M. Schlumberger, de Nancy. La
forme de ce *D. globulus* est aussi beaucoup plus renflée que
dans les *Trochotoma* proprement dits. Quant à l'entaille,
on ne la voit que rarement avec ses bords entiers : presque
toujours elle est plus ou moins déformée et agrandie par des
accidents. Toutefois, j'ai dans ma collection deux échantillons qui la montrent non altérée; elle est en tout semblable à celle du *D. quinquecincta*. Le *Ditremaria globulus*
est donc une seconde espèce de ce genre.

La série de ces Haliotidées, à forme trochoïde, se trouvera ainsi établie :

1re section. Coquilles non nacrées : *Scissurella*, *Wood-wardia*.

2e section. Coquilles nacrées : *Pleurotomaria*, *Lepto-maria*, *Cryptœnia*, *Trochotoma*, *Ditremaria*, *Polytre-maria*.

Voici la caractéristique du genre *Ditremaria*, tel que nous l'avons circonscrit.

Genre DITREMARIA (*d'Orb. pars*).

Coquille turbinée, voisine de forme des Trochotoma, offrant, au lieu d'une entaille respiratoire, deux trous oralaires allongés, reunis par une scissure transversale ; base montrant une large callosité, excavée en son centre, d'où naît un tubercule arrondi plus ou moins gros, quelquefois à peine sensible. Bouche étranglée, carrée comme celle des Troques, et resserrée, sur chacune de ses lèvres droite et gauche, par une dent plus ou moins prononcée, comme dans les Monodontes.

Fossile de la période jurassique. Deux espèces connues, le *Ditremaria globulus* (Desl. sp.) de la grande oolithe de Langrune, et le *Ditremaria quinquecincta*, provenant du coral-rag de Natheim (Wurtemberg), St-Mihiel (Meuse), Va'fin (Jura), etc., etc.

Je terminerai cette petite note par la description de ces deux espèces.

DITREMARIA GLOBULUS *(E. Desl. sp.)*.

Syn. 1847. *Trochotoma globulus* (Desl.). *Mém. de la Soc. Linn. de Norm.*, t. VII, p. 109, pl. VIII, fig. 16 ... 19.

— 1847. *Ditremaria globulus* (d'Orb.). *Prodrome*, t. Ier, p. 301, étage 11, n° 92.

— 1850. — — (d'Orb.). *Paléontologie française, Terr. jurassiques*, IIe vol., p. 386, pl. CCCXLII, fig. 1 .. 5.

Coquille trochoïde, épaisse, à sommet obtus, plus large que haute, spire à angle convexe. Tours, au nombre de cinq ou six, rendus saillants par une bandelette arrondie, très-forte, offrant en dessus et en dessous de cette bandelette une dépression bien marquée. Tours offrant des stries longitudinales assez prononcées, croisées par des stries transversales obliques effacées, et apparentes seulement dans les échantillons très-bien conservés. Entaille assez longue, formée de deux trous allongés, reliés entre eux par une étroite scissure. Base large, striée légèrement à sa circonférence, offrant à son centre une callosité très-peu prononcée, et n'occupant guère que la moitié centrale de cette base, et excavée au milieu en entonnoir assez profond ; lèvre droite assez épaisse, mais n'offrant pas de tubercule interne ; lèvre gauche montrant deux petites saillies peu prononcées, qui lui donnent une forme légèrement sinueuse. Ouverture assez étroite, à peu près carrée.

Dimensions : largeur, du dernier tour à la base, 15 millim. ; hauteur totale, 11 millim.

Hab. Grande oolithe de Langrune. A. C.

Obs. Mon père n'avait pas, dans sa description de cette

espèce, mentionné la légère callosité de la base, ni les sinuo-
sités de la bouche, qui sont le rudiment des grosses dents
qu'on remarque dans la seconde espèce. Toutefois, la fig. 21
de sa pl. VIII montre assez bien la forme de cette base; mais
les deux figures qui représentent cette espèce de profil et
par dessus sont mauvaises et ne peuvent en donner une idée
exacte. Celle de la *Paléontologie française* est moins exacte
encore : d'abord, le grossissement qu'on lui a donné em-
pêche de la reconnaître ; de plus, ses proportions sont très-
différentes de celles de la figure de d'Orbigny, dont la
hauteur est beaucoup trop grande comparée à la largeur.
L'entaille est très-mal représentée ; enfin la base en est complètement inexacte : on n'y voit nullement exprimées ni les
nodosités, ni la callosité médiane, et on lui a donné dans
cette figure les caractères d'un véritable *Trochotoma*. Dans
une prochaine notice, je figurerai de nouveau cette espèce,
car les figures de d'Orbigny sont tout-à-fait méconnais-
sables.

DITREMARIA QUINQUECINCTA *(Ziel. sp.).*

Pl. III, fig. 1, 2.

Syn. 1830 *Trochus quinquecinctus*	(Ziel.), *Die versteinerungen, Wurtemberg*, p. 46, Pl. XXXV, fig. 2.
— 1844 *Monodonta ornata*	(Goldfuss), *Abbiddung der petrefakten Deutschlands*, III° v., p. 100, Pl. CXCV, fig. 6.
— 1847 *Ditremaria* »	(d'Orb.), *Prodrome*, II° vol., p. 9, étage 14, n° 144.
— 1852 *Trochotoma quinquecincta*	(Buv.), *Statistique géologique de la Meuse*, p. 39, Pl. XXV, fig. 5, 7.
— — — *Humbertina*	(Id.), *Id.*, p. 39, pl. XXV, fig. 8, 9.

Syx. 1853 *Ditremaria quinquecincta* (d'Orb.), *Paléontologie française, Terr. jurassiques*, t. II,
p. 391, pl. CCCXLV, fig. 4, 5.

— — — *Humbertina* (Id.), *Id.*, p. 393, Pl. CCCXLV,
fig. 6, 8.

— 1856 *Trochus quinquecinctus* (Quenst.), *Der Jura*, Pl. XCV,
fig. 23.

Coquille conoïde, épaisse, à sommet peu aigu, aussi large que haute; spire assez saillante, à angle à peine convexe. Tours, au nombre de cinq ou six, arrondis et épais, sur lesquels la bandelette est à peine saillante; offrant des stries longitudinales assez nombreuses et très-prononcées, croisées au-dessus de la bandelette par des stries obliques à peine marquées, mais qui deviennent très-fortes et noduleuses dans la portion située au-dessous de la bandelette. Entaille assez longue, offrant deux portions plus prononcées encore que dans l'espèce précédente, réunies par une scissure excessivement étroite. Base large, se continuant avec le dernier tour par une courbure uniforme, mais interrompue dans presque toute son étendue par une large callosité plus ou moins épaissie, lisse à son pourtour et excavée en son centre d'une profonde dépression, dont les lèvres sont entourées d'un bord crénelé. Au fond de cette dépression naît une grosse dent arrondie qui fait corps avec la lèvre gauche; celle-ci montrant en outre une seconde grosse dent obtuse : ce qui lui donne une forme très-sinueuse. Lèvre droite offrant également un renflement bien prononcé en regard de celui de la lèvre gauche. Ouverture étroite, sinueuse.

Dimensions : largeur du dernier tour, 17 millim.; hauteur totale, 17 millim.

Obs. Quand on compare entre elles les différentes figures

qui en ont été données , on ne peut croire que l'on a voulu représenter la même espèce : les caractères en sont aussi défigurés par les uns que par les autres : l'un oublie l'entaille , un autre la fait à peu près lisse ; cela provient de ce que les auteurs ont eu entre leurs mains des exemplaires en mauvais état de conservation et où la trace même des ornements avait disparu ; et que , dans leur manie de restaurer les objets , ils ont donné à cette coquille des caractères impossibles. Les deux figures données par M. Buvignier sont déjà d'une inexactitude très-grande , mais rien n'approche , sous ce rapport, de celles de la *Paléontologie française* , et certes, jamais personne ne pourrait s'imaginer que les *Ditremaria quinquecincta* et *Humbertina*, représentés sur la pl. CCCXLV , sont une seule et même chose. Ce sont des figures de fantaisie , complètement différentes de la réalité ; et si on rapproche de ces figures celle que je donne dans ma pl. III, on sera bien plus étonné encore. Comment croire que ces trois figures représentent une seule et même chose ? C'est pourtant l'exacte vérité, et ce qui peut donner une idée du degré de confiance qu'on peut accorder à certaines planches de la *Paléontologie française*. Quant à mes dessins, on peut s'y fier : je puis répondre de leur exactitude ; ils ont été mesurés et faits avec le plus grand soin sur des échantillons de la collection de M. Guirand , en parfait état de conservation, à fleur de coin , qu'on me permette cette métaphore. On peut voir, en comparant ces figures à celles des autres *Trochotoma* qui sont assez bien représentés dans la *Paléontologie française*, mais surtout dans le mémoire original de mon père , on peut voir , dis-je , combien sont différents , et d'aspect et de détails d'ornementation , les deux genres *Trochotoma* et *Ditremaria*.

Hab. Coral-rag de St-Mihiel (Meuse), de Valfin (Jura), de Natheim (Wurtemberg), etc.

Explication de la planche III.

Fig. 1 *a, b, c. Ditremaria quinquecincta* (Ziet. sp.). Du coral-rag de Valfin. Grandeur nat. *b*, callosité de la base ; *a*, grosse dent centrale ; *c*, dent de la lèvre droite ; *d*, dent de la lèvre gauche.

Fig. 2.   —   — Portion grossie d'une partie du dernier tour, montrant (E et F) les deux trous respiratoires réunis par une scissure très-étroite (S).

Fig. 3.   *Trochotoma amata* (d'Orb.). Du coral-rag de Valfin. Portion grossie du dernier tour, montrant (E) l'entaille ovalaire du trou respiratoire unique et la bandelette (B).

Fig. 4 et 5.   —   — Échantillon de grandeur naturelle, 4, et grossi, 5, montrant simultanément une ancienne entaille (E) presque entièrement oblitérée par les progrès de la bandelette, et une nouvelle entaille (E') qui n'est pas encore fermée en avant.

Fig. 6.   —   — Échantillon, jeune encore, de grandeur naturelle, et montrant l'entaille fermée comme elle se voit dans l'état normal.

Caen, typ. F. Le Blanc-Hardel.

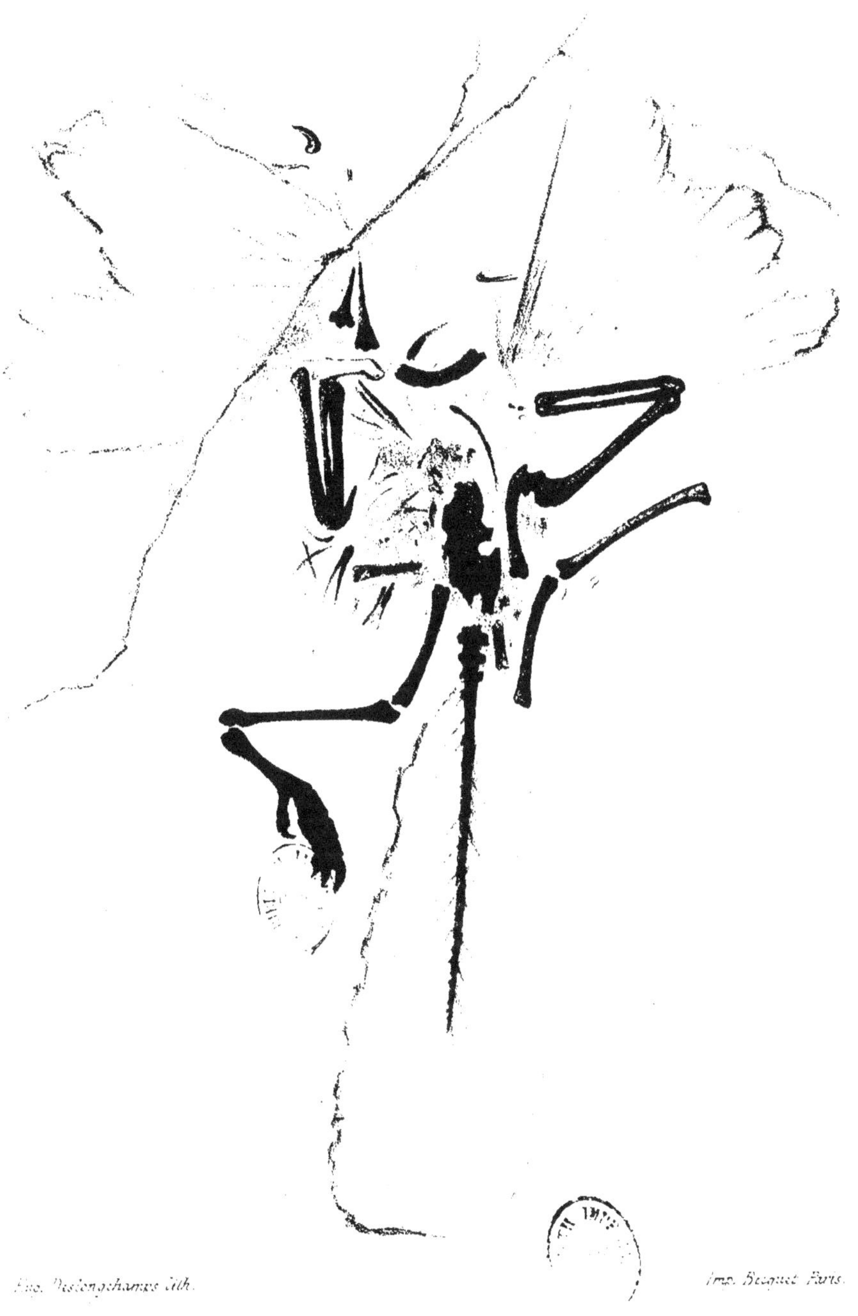

Archæopteryx lithographica (H. de Meyer)
Solenhofen.

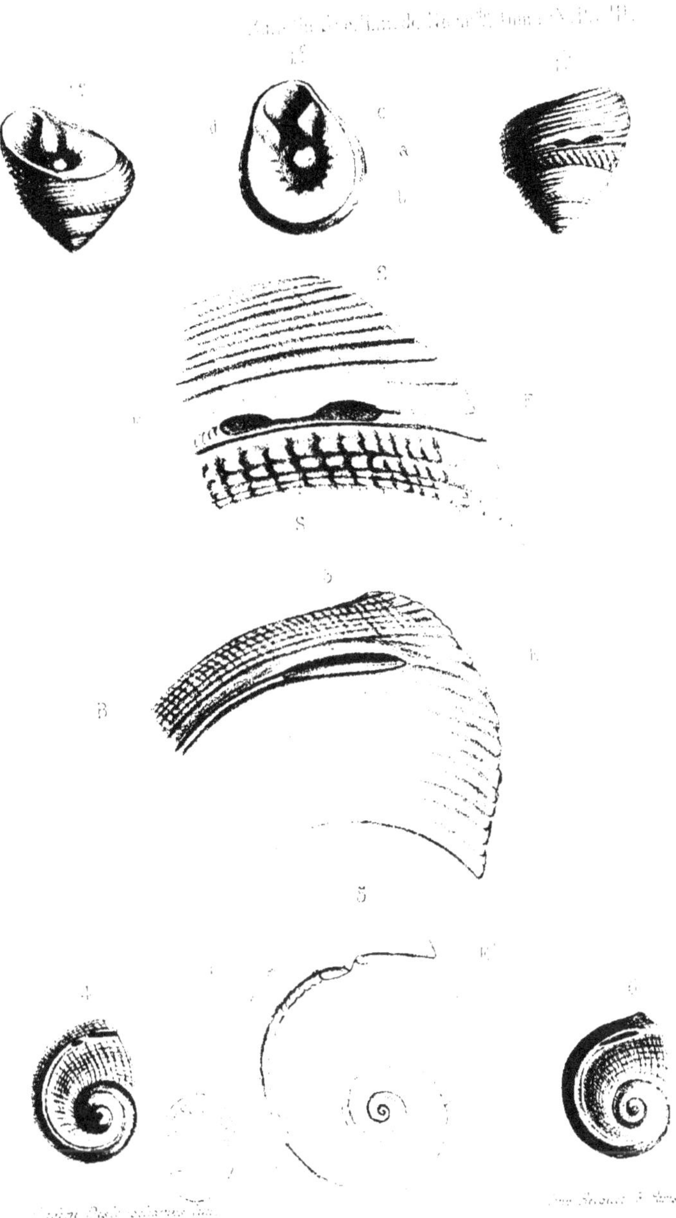

1 _ 2 . Genre ditremaria.
3 _ 6 . G___ trochotoma.

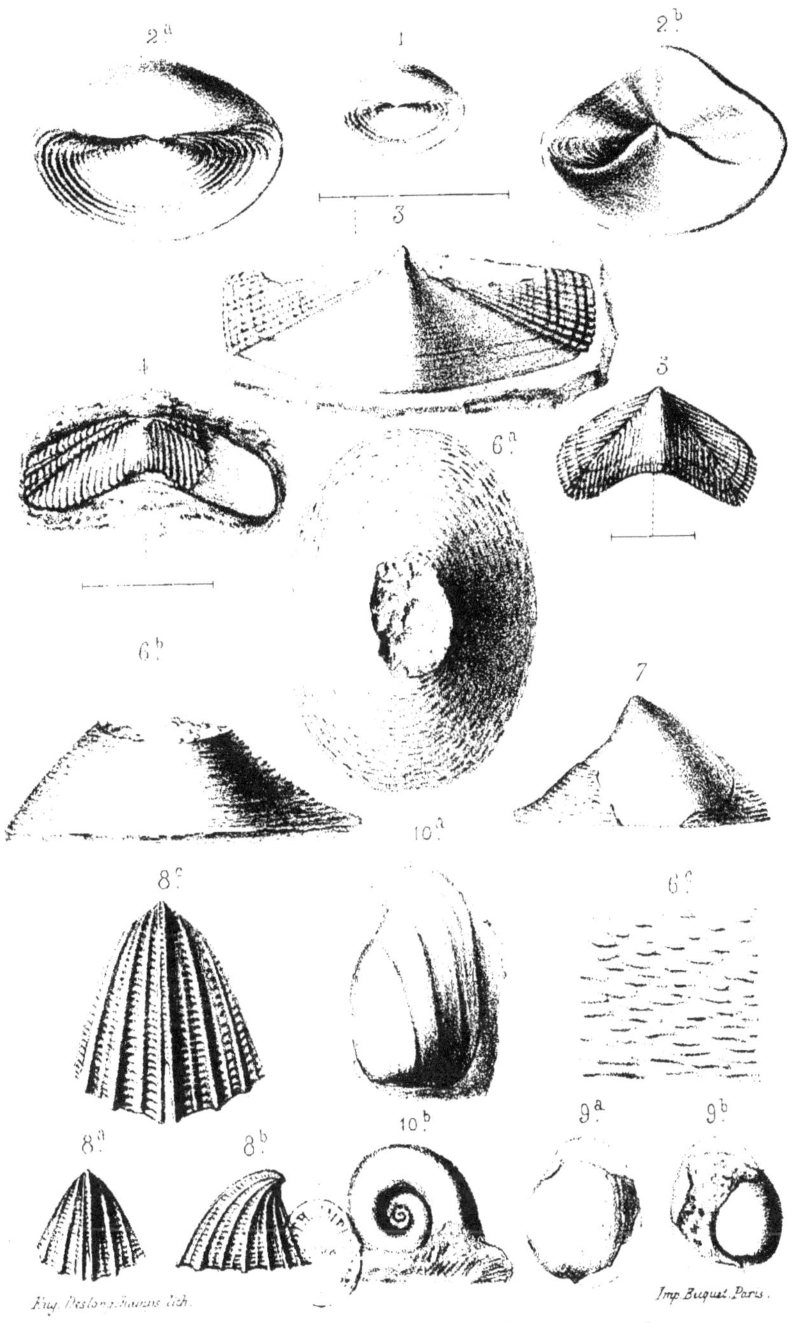

Aug. Deslongchamps dch.
Imp. Buquet. Paris.

1–2. Peltarion Moreausi. (Desl.) Oxf. 6–7. Patella squammula, (Desl.) G.O.
3. Chiton Terquemi. (Desl.) L. moy. 8. Emarginula nobilis, (Desl.) L. moy.
4. C. „ liasinus. id. id. 9. Bulla liasina, (Desl.) L. moy.
5. C. „ Deshayesi. (Terq.) id. 10. B. „ Flouesti. id. L. inf.